在家燒一手好菜

輕鬆當大廚，天天換菜色！

程安琪。著

你知道以及你不知道的——燒

我們常會用「燒」來總括所有的做菜手法，例如：我們常說：他很會「燒菜」，或說想要學「燒菜」，由此可知，雖然在中國菜中常用到的烹調技巧約有二、三十種，但是最常被用到、被掛在口中說到的，恐怕是非「燒」莫屬了！

因為在日本料理中，把「烤」出來的食物稱為是「燒」，例如：串燒、鹽燒、網燒、照燒……；而廣東菜中也稱「烤」為「燒」，最為大家所知的就是——叉燒肉、燒腩、燒鴨、燒鵝……等，因此常有年輕朋友誤以為燒就是烤，反而對正統「燒」的定義不太了解，現在就讓我為大家說一下什麼是「燒」？

「燒」是以水為加熱媒介的烹調方法之一，簡單的說就是在主料和配料中加入水（或湯）和調味料，先以大火煮滾、在改中小火煮至熟，或再煮至軟而入味的一種烹調方法。因為在燒的時候加了水，藉著水的熱氣來軟化食材，因此可以減少用油量，也算是符合現代人要求「少油」的烹調方式吧！

燒不一定需要很長時間來煮，它和燜、煨、㸆、燉或熬等其他烹調法很類似，只是它們得成菜所呈現出的軟爛度、湯汁的多、寡與濃稠度是不相同的——煨的時間更長；㸆的湯汁更少；燜和燉的火力更小；熬則是北方人的說法，其實這些烹調上的差異，一般人們已經不太在意了，只是有些傳統菜在的菜名上仍然保留著這些稱呼。我想我們可以把這些烹調法都歸類在燒之中，就比較容易了解和操作它們。

我覺得燒的最大特色是入味好吃、 操作方便、易於存放。傳統的燒，多半是以醬油、糖和酒的紅燒味，其實燒的味道是可以做許多的變化，用了不同的調味料，味道就不一樣，例如加上番茄醬或咖哩、辣椒醬、紅麴、味噌、甜麵醬或是醋多加一些，都會燒出不同的風味。另外用不同的辛香料也是影響整道菜味道的關鍵，例如蔥多的蔥燒；以大蒜、青蒜為主的蒜燒；西式或南洋風味的香料也能燒出不同的香氣。

雖然説燒能變化出許多不同口味的菜，但是燒的基本方法和過程是很簡單的，要注意的有：

1. 肉類等材料先川燙或煎過，除去血水後再加入辛香料、調味料及水去燒。通常以大火煮滾後再以中小火或小火去燒至喜愛的軟爛度。燒的時間依材料的老嫩和個人喜愛而不同，燒到差不多爛時，如果湯汁仍多，可以開大火收汁，或以適量的太白粉水勾芡，同時要再湯汁減少後再做適量的調味。

2. 在燒的時候要蓋上鍋蓋、使熱氣集中，可以讓食物易爛、保持原汁、同時能節省火力。日本人所謂的「煮物」，和我們的燒很類似，當他們在煮湯汁較少的菜餚時，會蓋一個小一點的鍋蓋（稱為落蓋）、或是用一張剪了小洞的烹調紙蓋在食物上，在燒的時候不用去翻動食材，卻能使原本露在湯汁外的食材，因為接觸到滾動的湯汁而入味，這個方法很不錯，讀者可以試試！

3. 除了魚肉類可以燒之外，蔬菜類中的根莖瓜果和豆類製品也可以用來燒，或是搭配著肉類來燒。因為在燒的時候是藉著水的熱氣來軟化食材，因此水的量要視火侯的大小和煮的時間來做增減，如果要中途再加水，最好是加熱水，不要使熱氣中斷。

在這本《在家燒一手好菜》的書中，我挑選了 50 道好吃的菜，藉由不同食材來搭配不同口味，當然，這些搭配有許多是可以再相互交替的！相信經由這本書，讀者朋友對「燒」會有更多的認識，再加以練習之後，一定能燒出一手好菜！

程安琪

目　錄
contents

Part1
海鮮類

Part2
蔬菜類

Part3
肉類

Part 1 海鮮類

蔥燒鮮魚

材料：

新鮮魚 1 條（約 500 ～ 600 公克）
蔥 3 支（切段）、薑絲 1 大匙
油 2 ～ 3 大匙

調味料：

酒 2 大匙、醬油 2 ～ 3 大匙、糖 1 茶匙
醋 ½ 茶匙、水 1½ 杯、鹽適量調味

做法：

1. 魚身兩面切 2 ～ 3 條刀口，如選用肉較薄的魚，就不用切刀口。
2. 燒熱油，放入魚，以中火煎黃表面（約 1 ～ 2 分鐘），翻面再煎時，加入蔥段和薑絲，把蔥段煎至微黃、有香氣。
3. 蔥段夠焦黃時，依序加入調味料（鹽除外），煮滾後改小火煮約 12 ～ 15 分鐘（煮到 10 分鐘時翻一次面），至湯汁約剩半杯時如有需要再適量調味即可關火。

安琪老師的小叮嚀

- 燒魚的時間長短和魚的種類、魚肉的厚度都有關係，時間要燒的比較久的話，水要酌量增加。
- 燒的時候，不要常去翻動魚，會把魚翻破，用湯匙往魚身上多淋幾次汁，可以幫助魚入味。

照燒魚片

材料：

魚肉 250 公克、細蔥 4 ～ 5 支 (切 4 公分段)
嫩薑 1 塊 (切細絲)、太白粉 ½ 大匙、水 2 大匙

調味料：

柴魚醬油 3 大匙、味霖 1 大匙
糖 ½ 茶匙、酒 1 大匙、水 ⅔ 杯

做法：

1. 魚肉切厚片，撒上 ½ 大匙太白粉和 2 大匙水抓拌一下；嫩薑絲用冷水泡一下以去除辛辣味。
2. 鍋中先放入所有調味料，開火煮滾。放下魚片和蔥段，再煮滾後改成小火，蓋上鍋蓋，燒煮約 3 分鐘。
3. 盛盤後撒上薑絲，淋下湯汁即可。

安琪老師的小叮嚀

● 日本人在燒湯汁較少的菜式時，會用一個較小的透氣鍋蓋直接蓋在食物上，或是用一張烹調用紙或鋁箔紙，摺小之後剪幾個小洞，蓋在食材上，可以使湯汁在紙下滾動、接觸到食材，使味道均勻的入味。

雪菜燒帶魚

材料：
帶魚 500 公克、雪裡紅 150 公克
蔥 2 支 (切段)、薑 2 片、油 3 大匙

調味料：
酒 1 大匙、醬油 2 大匙、糖 1 茶匙
水 1½ 杯

做法：
1. 帶魚切成約 5 公分長的塊，在每塊上切數條刀口。
2. 雪裡紅沖洗乾淨，以免有沙，梗子切碎，老葉子不用，再擠乾水分。
3. 用 2 大匙熱油把帶魚兩面都煎黃，先盛出魚。
4. 另外加 1 大匙油爆香蔥段和薑片，放入雪裡紅和調味料，煮滾後放入帶魚，改小火燒約 12 ~ 15 分鐘。若湯汁仍多，開大火收乾一些即可。

乾燒大蝦

材料：

小型明蝦 8 隻或大型草蝦 10 隻、絞肉 2 大匙、薑屑 1 大匙、蒜屑 2 大匙、蔥花 2 大匙
油 2 大匙

調味料：

（A） 辣豆瓣醬 1 大匙、番茄醬 2 大匙、酒 1 大匙、淡色醬油 1 大匙、甜酒釀 2 大匙、鹽 ¼ 茶匙
糖 1 茶匙、水 1 杯

（B） 太白粉水 1 茶匙、麻油少許

做法：

1. 將明蝦修剪一下，抽除腸沙，沖洗一下，擦乾水分。
2. 鍋中燒熱油，放下明蝦煎紅兩面，且煎到有香氣，盛出。
3. 用鍋中餘油把絞肉炒散，再放入薑屑和大蒜屑炒香，加入辣豆瓣醬和番茄醬同炒一下，依序加入其他調味料（A）煮滾。
4. 放下明蝦，蓋上鍋蓋，以中小火燒約 3 分鐘，至湯汁將要收乾時，用太白粉水略勾芡、再滴下麻油、撒下蔥花，炒勻後裝盤。

安琪老師的小叮嚀

- 如果明蝦太大，可以切成兩段後再燒。

酸辣紹子燒海參

材料：
海參 3 條（約 300 公克）、絞肉 100 公克、香菇丁 2 大匙、熟筍絲 1 杯、薑末 1 茶匙、油 2 大匙
蔥粒 1 大匙、芹菜屑 2 大匙

煮海參料：蔥、薑各少許、酒 ½ 大匙、清水 4 杯

調味料：
酒 ½ 大匙、醬油 2 大匙、清湯 1½ 杯、糖 ¼ 茶匙、鹽 ¼ 茶匙、太白粉水 1 大匙、醋 1 大匙
胡椒粉 ⅓ 茶匙

做法：
1. 買已發好的海參時，應選擇硬度相同的，清除腹內腸泥。放在鍋內，加入煮海參料，用小火煮約 10 ～ 15 分鐘（依海參軟硬度而定），以除去海參腥味。
2. 海參用冷水沖涼，切成 5 公分長的直絲。
3. 鍋中熱油炒香絞肉、香菇丁和薑末，淋下酒及醬油，再注入清湯煮滾。
4. 放進海參絲及筍絲燒煮 3 ～ 5 分鐘，加糖和鹽調味後勾芡。
5. 熄火後淋下醋及胡椒粉，撒下蔥粒及芹菜屑，拌合後裝盤。

番茄洋菇燒鮭魚

材料：

鮭魚 1 片（約 350 公克）、番茄 1 個（切丁）、洋菇 4 ～ 6 粒（切粒）、大蒜 1 粒（剁碎）
奶油 1 大匙、檸檬 ½ 個、巴西利適量、油 1 大匙

調味料：

（A） 鹽 ½ 茶匙、胡椒粉少許、麵粉 1 大匙
（B） 鹽 ⅓ 茶匙、糖 ½ 茶匙、水 ⅔ 杯

做法：

1. 鮭魚洗淨、擦乾，撒下鹽和胡椒粉拍勻，再薄薄的撒上一層麵粉。
2. 半個檸檬擠汁、約有 1 大匙；巴西利剁碎。
3. 鍋中先熱油，放下鮭魚，大火煎黃兩面，盛出。
4. 利用鍋中的油炒香蒜末和洋菇，再加入番茄丁和調味料（B），放回鮭魚，以中小火燒煮 3 ～ 4 分鐘至剛熟（依鮭魚的厚度而定）。
5. 鮭魚盛放盤中，在醬汁中加入奶油和檸檬汁，不斷攪動，使湯汁收濃一些，淋在鮭魚上，撒上巴西利碎末。

咖哩蘿蔔燒鮮魷

材料：

中型新鮮魷魚 2 條、白蘿蔔 400 公克、蒜末 1 茶匙、綠花椰菜 1 棵、油 2 大匙

調味料：

咖哩粉 1½ 大匙、淡色醬油 2 大匙、糖 1 茶匙、鹽 ⅓ 茶匙、味醂 2 大匙、酒 1 大匙

做法：

1. 鮮魷魚去除內臟並剝除外皮，切成約 2 公分寬的圓圈狀，頭部切成 3 ～ 4 塊。
2. 白蘿蔔削皮、切滾刀厚片；綠花椰菜分成小朵。
3. 鍋中燒熱油來炒鮮魷和蒜末，待鮮魷變色時，改成小火，加入咖哩粉炒香，再加入其他的調味料煮滾，盛出鮮魷。
4. 鍋中加入 1½ 杯水和白蘿蔔，煮滾後改中小火燒煮約 12 ～ 15 分鐘，至白蘿蔔已軟。
5. 加入綠花椰菜再煮一下，放回鮮魷魚，再煮約 1 分鐘至湯汁將收乾，嚐一下味道，可適量加鹽和糖調整。

安琪老師的小叮嚀

● 如果要用咖哩塊，可以先加一塊和蘿蔔同煮，最後再加另一塊來增加味道；因為咖哩塊會使湯汁變濃，煮時要小心火候。

墨魚燒肉

材料：

墨魚 1 條（約 600 公克）、五花肉或梅花肉 600 公克
蔥 4 支、薑 2 片、八角 1½ 粒、油 2 大匙

調味料：

紹興酒 2 ～ 3 大匙、醬油 3 大匙
蠔油 1 大匙、深色醬油 1 茶匙
冰糖 1½ 大匙

做法：

1. 墨魚和豬肉都切成大塊，用滾水把墨魚川燙 1 分鐘，撈出、洗淨。
2. 鍋中用油將豬肉炒至變色（也可以燙過之後再炒），加入蔥段和薑片一起炒香，淋下酒、蠔油和兩種醬油再炒勻，注入熱水 3 杯，用大火煮滾後改小火，煮約 40 分鐘。
3. 加入墨魚、冰糖和八角，再以小火煮至夠軟（約 40 ～ 50 分鐘）。
4. 如湯汁仍多，再開大火將湯汁燒乾一些，嚐一下味道，再做調整。

安琪老師的小叮嚀

- 也可以用水發的魷魚代替墨魚，水發魷魚較硬，可以和肉同時下鍋燒煮；或用大一點、肉厚一點的新鮮魷魚來燒肉。

辣豆瓣魚

材料：

新鮮魚 1 條或大型魚一段均可（約 500 公克）
絞肉 2 大匙、大蒜屑 1 大匙、薑屑 1 大匙
蔥屑 2 大匙、油 3 大匙

調味料：

（A）辣豆瓣醬 2 大匙、酒 1 大匙、水 2 杯
醬油 2 大匙、酒釀 2 大匙、糖 2 茶匙
鹽 ¼ 茶匙

（B）太白粉水少許、鎮江醋 ½ 大匙
麻油 1 茶匙

做法：

1. 魚鱗及內臟打理乾淨後，在魚身上切上幾條刀紋，擦乾水分。
2. 鍋中燒熱油，將魚下鍋、把兩面煎黃一些，把魚推往鍋邊或盛出。
3. 放入絞肉和薑、蒜末炒香，再放入辣豆瓣醬炒香，再依序加入調味料（A），煮滾後把魚放回汁中，同煮約 20 ～ 25 分鐘至魚已熟（煮時要往魚身上多淋幾次汁）。
4. 見汁只剩 ⅓ 量時，把魚盛出，將湯汁勾芡，淋下醋和麻油，撒下蔥花，再把汁淋在魚身上。

義式番茄燒海鮮

材料：

新鮮魷魚 1 條、蛤蜊 10 粒、鮮蝦 10 隻、大蒜末 ½ 大匙、洋蔥 ¼ 個（切丁）、紅辣椒末 ½ 茶匙
檸檬汁 ½ 大匙、油 2 大匙、奶油 1 大匙、罐頭去皮番茄 3 ～ 4 粒（切小塊）
九層塔（或巴西利）少許。

調味料：

白酒 1 大匙、清湯 ⅔ 杯、義大利綜合香料 ½ 茶匙、胡椒粉和鹽調味

做法：

1. 鮮魷魚切成圓圈狀；蛤蜊放在淡鹽水中吐沙 1 小時後，洗淨；蝦抽除沙腸。
2. 用油炒香洋蔥丁、大蒜末和紅辣椒末，再加入番茄丁和罐頭中的番茄汁（約 2 大匙），淋下白酒、清湯和義大利香料煮滾。
3. 放入蛤蜊，蓋上鍋蓋煮約 1 分鐘後加入蝦子和鮮魷的頭部，煮至蛤蜊開口，再加入鮮魷圈，煮滾即加胡椒粉和鹽調味。
4. 盛出海鮮料，在湯汁中加入奶油，在鍋中以大火收至汁略濃稠，加入檸檬汁，攪勻，淋在海鮮上，再撒上剁碎的九層塔或巴西利。

椰香咖哩魚

材料：

魚肉 200 公克、芹菜 2 支 (切段)
洋蔥 ¼ 顆 (切絲)、紅辣椒 1 支 (切片)
韭菜 2 支 (切段)、奶油 1 大匙、蛋 2 個
椰漿 1 杯、紅油 1 茶匙、油 1 大匙

調味料：

(A) 鹽少許、水 2 大匙、太白粉少許
(B) 高湯 ¼ 杯、蠔油 1 大匙、糖 1 茶匙
魚露 1 茶匙、咖哩粉 2 茶匙

做法：

1. 魚肉切片後用調味料 (A) 拌醃 10 分鐘。
2. 蛋打散，加入 2 大匙椰漿和紅油攪勻。
3. 鍋中燒開 5 杯水，放下魚片燙約 10 秒鐘，撈出、瀝乾水分 (也可以用 1 杯油燒熱後將魚片過油約 5 秒鐘)。
4. 加熱約 1 大匙油，將芹菜、洋蔥絲、紅辣椒片和奶油炒香。
5. 加入調味料 (B) 和椰漿煮滾，放入韭菜和魚片，以小火煮約 1 分鐘，在湯汁滾動處淋下蛋汁，見蛋汁已熟即可盛出。

豉椒燒草魚

材料：
草魚中段約 450 公克、黑豆豉 2 大匙
蔥 2 支（1 支切短段、1 支切蔥花）
紅辣椒 1 支（切末）、薑絲 1 大匙
油 2 ～ 3 大匙、太白粉水適量

調味料：
(A) 太白粉 1 大匙、水 3 大匙（混合）
(B) 酒 2 大匙、醬油 1 大匙、糖 1 大匙
水 1½ 杯

做法：
1. 買草魚中段約 6 公分寬，先片開成兩半，清洗乾淨、擦乾水分，再切成 3 公分寬的厚片。
2. 鍋中燒熱油，放下沾過調味料（A）的魚肉，略煎一下（兩面均要煎過），推至鍋邊。
3. 放下沖洗過的豆豉、蔥段和薑絲，用小火炒香，淋下調味料（B）煮滾，將魚移回鍋中間，再煮滾後改小火，燒約 6 ～ 8 分鐘。
4. 略勾芡後關火，撒下辣椒末和蔥花拌勻即可裝盤。

蝦仁燒干絲

材料：

干絲 300 公克、蝦仁 10 隻、肉絲 80 公克、香菇 3 ～ 4 朵、蔥 1 支（切段）、油 2 大匙

調味料：

（A）**醃蝦用：**鹽少許、太白粉少許

（B）**醃肉用：**醬油 1 茶匙、太白粉 1 茶匙、水 ½ 大匙

（C）淡色醬油 1½ 大匙、鹽適量

做法：

1. 蝦仁和肉絲分別用醃料拌勻，醃約 20 分鐘；香菇泡軟，切成絲。
2. 干絲用水多沖泡幾次，至水清時瀝乾。
3. 用油先炒熟肉絲，盛出。放入蔥段和香菇爆炒至香，淋下醬油再炒一下。
4. 加入干絲和水 2 杯（包括泡香菇水），煮滾後改小火再燒 5 ～ 10 分鐘。
5. 開大火，將蝦仁和肉絲放入湯汁中，煮至蝦仁已熟，略加鹽調味即可。

Part 2

【蔬菜類】

雪菜燒豆管

材料：

肉絲 80 公克、雪裡紅 300 公克
乾豆管 8 ～ 10 個（或豆包 3 片）
油 2 大匙、蔥花 ½ 大匙

調味料：

（A） 醬油 1 茶匙、水 1 大匙、太白粉 ⅓ 茶匙
（B） 醬油 2 茶匙、糖 ¼ 茶匙、鹽 ⅓ 茶匙
水或清湯 ⅔ 杯

做法：

1. 肉絲先用調味料（A）拌勻，醃 20 分鐘
2. 雪裡紅漂洗乾淨，擠乾水分，梗子部分切成小丁，老葉子不用。豆管先用溫水泡至軟，切成寬條。
3. 炒鍋中用油炒熟肉絲，盛出後，加入蔥花和豆管炒一下，同時加入調味料（B）炒勻，以中小火燒 3 ～ 5 分鐘使豆管入味。
4. 加入雪裡紅和肉絲，大火炒拌均勻，再燒約 1 分鐘，至湯汁即將收乾即可。

茄紅花椰菜

材料：

花椰菜 450 公克、番茄 2 個、蔥 1 支

調味料：

醬油 ½ 大匙、番茄醬 1 大匙、鹽適量
糖 ⅓ 茶匙

做法：

1. 花椰菜摘成小朵，用熱水燙 1 分鐘後撈出；番茄洗淨、切成小塊。
2. 鍋中放入 1 大匙油，爆香蔥段和番茄，翻炒數下，至香氣透出。
3. 淋下番茄醬和醬油，再炒一下後加 ¾ 杯水，煮 1 分鐘至番茄略軟。
4. 加入花椰菜再拌炒，並加鹽、糖調味，蓋上鍋蓋，再以中火燜煮至喜愛的脆度，起鍋裝盤。

味噌醬燒茄子

材料：
茄子 2 條、絞肉 2 大匙、大蒜末 1 大匙
蔥花 1 大匙、炸油 2 ～ 3 杯

調味料：
(A) 味噌醬 1 大匙、醬油 1 茶匙、糖 2 茶匙
水 2 ～ 3 大匙、麻油 1 茶匙
(B) 醋 2 茶匙、麻油數滴

做法：
1. 茄子切成約 6 公分長條段，放入 8 分熱的油中快速炸一下，撈出後過冰水，去油且定色，瀝乾。
2. 小碗中將調味料 (A) 的味噌醬調勻。
3. 用 1 大匙油炒香絞肉和大蒜末，再倒入調好的味噌醬炒一下，放回茄子，再加入 ⅓ 杯水，以大火煮滾，改成小火燒煮一下。
4. 燒約 1 分鐘，見湯汁將收乾，沿鍋邊淋下醋，滴下麻油，撒下蔥花，拌勻便可起鍋。

麻婆豆腐

材料：

豆腐 1 塊、絞豬肉 100 公克
大蒜屑 ½ 大匙、蔥花 2 大匙
油 2 大匙

調味料：

辣豆瓣醬 2 大匙、醬油 1 大匙、鹽 ⅓ 茶匙
糖 ¼ 茶匙、清湯或水 1 杯、太白粉水少許
辣油 1 茶匙、花椒粉 ½ 茶匙

做法：

1. 豆腐切除硬邊後切成小四方丁，放入滾水中川燙一滾，撈出、瀝乾水分。
2. 用 2 大匙油炒熟絞肉，再加入大蒜屑和辣豆瓣醬炒香，繼續加入醬油、鹽和糖，放入豆腐，輕輕加以拌合，注入清湯煮滾後，改以小火燜煮 3 ～ 5 分鐘。
3. 以太白粉水勾薄芡，撒下蔥花、辣油和花椒粉，盛入盤中。

安琪老師的小叮嚀

- 重辣味的人可以在炒辣豆瓣醬時加些辣椒粉一起炒，也會增加香氣。

蘿蔔甜不辣

材料：
白蘿蔔 500 公克、甜不辣 200 公克
乾昆布 40 公克、薑片 2 片、油 1 大匙

調味料：
柴魚醬油 2 大匙、味醂 1 大匙、八角 ½ 顆
鹽 ⅓ 茶匙

做法：
1. 蘿蔔削皮、切成大塊；昆布用濕紙巾擦一下，剪成條，泡入 2 杯水中約 10 分鐘。
2. 鍋中用油炒香薑片，加入蘿蔔、昆布、泡昆布的水和調味料，煮滾後改成小火，滷煮 30 分鐘。
3. 加入甜不辣，再煮約 3 分鐘，關火燜 10 分鐘使蘿蔔入味。

安琪老師的小叮嚀
- 夏天蘿蔔較老，會有苦澀味時，可以依照第[illegible]頁的方法把蘿蔔燙煮一下。

金鉤白菜燒麵輪

材料：

大白菜 500 公克、香菇 3 朵、蝦米 2 大匙、麵輪 30 公克、胡蘿蔔 ½ 小支（切片）、蔥 1 支（切段）香菜少許（切段）、油 2 大匙

調味料：

醬油 1 大匙、鹽 ⅓ 茶匙、烏醋 ½ 大匙、白胡椒粉 ⅙ 茶匙

做法：

1. 白菜切成寬條；香菇泡軟、切條；蝦米略泡一下，摘除蝦頭和腳的硬殼；麵輪用溫熱的水泡至軟、擠乾水分，切成寬條。
2. 燒熱油將香菇、蝦米、麵輪和蔥段炒至香氣透出，再加入白菜同炒至白菜變軟。
3. 加入胡蘿蔔、醬油。⅔ 杯泡香菇的水和鹽，以中火燒煮 8 ～ 10 分鐘左右。
4. 白菜燒至喜愛的軟爛度，如有需要，以大火收汁。加入烏醋、白胡椒粉和香菜，拌炒均勻後裝盤。

安琪老師的小叮嚀

- 可以把扁魚煎香來取代蝦米；烤麩、油麵筋、腐竹、油炸豆包等一些素食材料也都可以這樣來燒。

四季肉末燒粉絲

材料：

四季豆 300 公克、絞肉 80 公克、榨菜絲 (或冬菜) 1 大匙、粉絲 1 把、蔥屑 1 大匙、油 2 大匙

調味料：

醬油 1 大匙、鹽 ½ 茶匙、糖 ¼ 茶匙、水 1 杯、麻油少許

做法：

1. 四季豆摘去兩端及兩邊之硬筋，每根折成兩半 (或斜切成段)；粉絲泡軟，剪短一點。
2. 鍋中用油把絞肉炒散，再加入蔥屑炒香，淋下醬油、鹽、糖及水，放下四季豆，燒約 10 分鐘。
3. 加入泡軟之粉絲和榨菜絲，再燒煮 1 ～ 2 分鐘至粉絲透明。如湯汁仍多，即改大火將湯汁略收乾 (但仍要留有湯汁)，滴下麻油便可裝盤。

安琪老師的小叮嚀

- 可將四季豆先在鍋內用較多量油煸炒至軟後 (約 2 ～ 3 分鐘) 再燒，比較快入味。

什錦豆腐

材料：

豆腐 1 塊、香菇 2 朵、干貝 2 粒、豌豆莢數片、蔥 1 支（切蔥段）、火腿絲少許（隨意）
炸油 1 杯

調味料：

（A）酒 1 茶匙、醬油 1 大匙、蠔油 ½ 大匙、糖 ¼ 茶匙、蒸干貝和泡香菇的水約 1 杯
（B）太白粉水適量、麻油少許

做法：

1. 豆腐切成約 1.5 公分厚的長方片；香菇泡軟、切絲；干貝中加 ½ 杯水，上鍋蒸 20 分鐘，取出放涼後撕散開。
2. 燒熱炸油，放入豆腐大火炸至金黃色，撈出，油倒出，僅留約 1 大匙左右。
3. 放入香菇和蔥段炒香，加入干貝，再淋下酒和醬油炒香，再加入其他的調味料（A）和豆腐。
4. 煮滾後改小火慢慢燒煮，約 5 ～ 6 分鐘。
5. 當湯汁還有 ⅓ 杯左右時，放下豌豆莢和火腿絲，再燒一下即勾芡，滴下麻油，即可全部盛到盤內。

安琪老師的小叮嚀

- 嫩豆腐容易破，在勾芡時要一面搖動鍋子，一面淋到湯汁內，在湯汁滾動處滴下太白粉水，使汁變濃稠。

糖醋海帶結

材料：
海帶結 450 公克、白芝麻 1 大匙
油 1 大匙

調味料：
醋 ½ 大匙、糖 2 大匙、醬油 2 大匙
酒 1 大匙、醋 1½ 大匙、味醂 1 大匙
水 ⅔ 杯

做法：
1. 鍋中放入海帶結、2 杯冷水和 ½ 大匙的醋，一起煮至滾，改小火再煮約 20 分鐘以上，至海帶結已有 8 分爛，撈出海帶結。
2. 炒鍋中放入 1 大匙油和糖，開火，以小火慢慢熬煮，炒到糖溶化、略微成茶色，加入醬油、酒、醋、味醂和水，煮滾。
3. 再改成中火，放入海帶結，慢慢燒到收汁，關火、盛出。
4. 待涼後撒下白芝麻。

白果香菇燒麵筋

材料：

香菇 4 朵、白果 ½ 杯、麵筋 20 粒
蔥 1 支 (切段)、黃瓜 1 支
胡蘿蔔數片、油 2 大匙

調味料：

蠔油 1 大匙、醬油 ½ 大匙、糖 ¼ 茶匙
麻油少許

做法：

1. 香菇泡水至軟，依大小切成 2 ～ 3 片；黃瓜切片。
2. 真空包裝的白果要用水多沖洗幾次，瀝乾；帶殼白果敲開後泡熱水，水涼後剝去紅色澀衣。麵筋用溫水泡軟，擠乾水分備用。
3. 燒熱 2 大匙油炒香香菇和蔥段，放下蠔油、醬油、糖和白果，並淋下 ⅔ 杯泡香菇的水煮滾，中火燒煮約 5 ～ 6 分鐘。
4. 放入麵筋和胡蘿蔔片，再燒 3 分鐘，放下黃瓜片炒勻，大火炒至湯汁將收乾時，滴下麻油即可關火。

豉椒肉絲燒豆腐

材料：

嫩豆腐 1 塊、肉絲 100 公克、薑 4 小片
豆豉 2 大匙（略沖洗）、青蒜 1 支（切斜片）
紅辣椒 1 支（切斜片）、油 3 ～ 4 大匙

調味料：

（A）醬油 ½ 大匙、太白粉 1 茶匙、水 1 大匙
（B）辣豆瓣醬 1 大匙、酒 1 大匙、醬油 1 茶匙
糖 ½ 茶匙、水 1 杯、太白粉水 ½ 大匙
麻油 ½ 茶匙

做法：

1. 肉絲用調味料（A）拌勻，醃放 10 分鐘。
2. 豆腐切成 1 公分厚的片，鍋中燒熱 3 ～ 4 大匙油，將豆腐片放下，略煎黃表面，盛出，油倒出一些。
3. 用鍋中餘油炒香肉絲，盛出，再放入豆豉、辣椒和薑片，以小火炒香。
4. 加入辣豆瓣醬炒香，淋下酒、醬油、糖和水，放回豆腐和肉絲，以小火燒約 5 分鐘。
5. 以適量的太白粉勾芡，滴下麻油，撒下青蒜段、再燒煮一滾即可關火、裝盤。

福菜小魚燒苦瓜

材料：

苦瓜 1 條（約 400 公克）、丁香魚 ½ 杯、福菜 80 公克
大蒜 1 粒（拍碎）、青蒜 ½ 支（切短段）、蔥 1 支（切段）
紅辣椒 1 支（切段）、油 1 大匙

調味料：

醬油 ½ 大匙、糖 1 大匙、水 1 杯

做法：

1. 苦瓜剖開、去籽、切成塊。
2. 丁香魚用水沖一下，瀝乾水分；福菜沖洗一下，切短一點。
3. 起油鍋，放下丁香魚炒乾，加入大蒜（拍碎）、青蒜和蔥段炒香，加入福菜、調味料和苦瓜，煮滾後改小火煮 15 分鐘。
4. 苦瓜如已入味且夠爛，而湯汁仍多時，可以開大火收乾些，撒下紅辣椒，再燒一下即可。

安琪老師的小叮嚀

- 燒苦瓜的時間長短視苦瓜切的大小和個人喜好而不同

綜合蒟蒻燒

材料：
火鍋肉片 150 公克、大白菜 200 公克、新鮮香菇 3 ～ 4 朵、豆腐 1 塊、蒟蒻捲 8 ～ 10 捲
蔥 3 ～ 4 支、油 3 大匙

調味料：
柴魚醬油 5 大匙、糖½大匙、味醂 1 大匙、水 1 杯

做法：
1. 大白菜切寬段；新鮮香菇切塊；豆腐也切塊。
2. 蒟蒻捲要多沖水、去除澀味；蔥切斜片。
3. 鍋中燒熱 3 大匙油，放入肉片和數片蔥，炒至 8 分熟，盛出。
4. 放入大白菜和蔥段，炒至大白菜變軟，放入豆腐、香菇和蒟蒻捲，淋下調味料，蓋好鍋蓋，以中火燒煮 5 ～ 8 分鐘。
5. 將肉片放回鍋中，再煮一滾至肉熟即可。

開洋絲瓜燒寬粉

材料：

澎湖絲瓜 1 條、蝦米 1 大匙、寬粉條 2 把、蒜片 1 大匙、蔥 1 支（切段）、油 2 大匙

調味料：

酒 1 大匙、蠔油 ½ 大匙、鹽 ⅓ 茶匙、糖 ½ 茶匙、胡椒粉少許、清湯或水 1½ 杯

做法：

1. 絲瓜輕輕刮去外皮、切成滾刀條狀，用滾水燙一下，撈出、沖涼。
2. 蝦米沖洗後泡 5 ～ 10 分鐘；寬粉條用溫水泡軟，剪短一點、瀝乾。
3. 燒熱 2 大匙油，放下蔥段、蒜片和蝦米爆香，淋下酒，加入所有調味料煮滾。
4. 放下粉條炒勻，改小火，蓋上鍋蓋，燒煮 1 分鐘。
5. 加入絲瓜略拌，開大火，再燒 1 ～ 2 分鐘（湯汁不夠時可以再添加熱水）至喜愛的脆度，再適量調味即可。

安琪老師的小叮嚀

- 絲瓜燙一下可以快速至熟、且去除生味；沖過冷水再以大火來燒可以保持綠色。寬粉條會吸水，因此最後一定要保持湯汁的量再上桌。

木耳燒凍豆腐

材料：

肉片 100 公克、乾木耳 1 大匙、凍豆腐 1 長方塊、洋蔥 ⅓ 個（切條）、大蒜 2 粒（切片）
油 2 大匙

調味料：

(A) 醬油 ½ 大匙、水 2 大匙、太白粉 1 茶匙
(B) 蠔油 1 大匙、醬油 1 大匙、糖 ½ 茶匙、鹽 ¼ 茶匙、胡椒粉少許、水 1 杯
麻油 ¼ 茶匙

做法：

1. 肉片先用調味料（A）抓拌均勻，醃放 10 分鐘以上。
2. 黑木耳用溫水浸泡至漲開，摘去硬蒂頭，洗淨、瀝乾；凍豆腐解凍後切成長方塊，擠乾水分。
3. 油燒熱後先放入肉片和大蒜片炒香、炒熟，盛出。
4. 再將洋蔥放入鍋中炒香，加入木耳和調味料（B）一起煮滾。放入凍豆腐，以小火燒煮 10 分鐘。
5. 放入肉片再燒一下，留有一些湯汁時即可關火。

Part 3
肉類

蒜香紅燒肉

材料：

五花肉或梅花肉 600 公克（切塊）
山藥 400 公克、蔥 2 支、大蒜 5 粒
青蒜 1 支（切段）、油 1 大匙

調味料：

酒 3 大匙、醬油 2 大匙、蠔油 2 大匙
冰糖 ½ 大匙

做法：

1. 將五花肉用熱水川燙約 1 分鐘，撈出、沖洗乾淨；山藥削皮、切塊。
2. 鍋中燒熱 1 大匙油，放入蔥段、大蒜和青蒜段，炒至香氣透出。
3. 放入五花肉，淋下酒和醬油， 炒至醬油散出香氣，加入約 3 杯的水，放入蠔油和冰糖，大火煮滾後改小火慢燒 1 個半小時以上。
4. 加入山藥，再燒約 6 ～ 8 分鐘，關火燜 10 分鐘，使山藥入味即可。

安琪老師的小叮嚀

- 紅燒肉可以在鍋中直接將肉炒至變色、封住血水，以取代川燙法去除血水。

香醋燒雞排

材料：
雞腿 2 支、 洋蔥 ½ 個、大蒜屑 ½ 大匙
青江菜 6 ～ 8 棵、油 2 大匙

調味料：
酒 1 大匙、醬油 2 大匙、水果醋 2 大匙
糖 2 茶匙、水 1½ 杯、味醂 1 大匙

做法：
1. 雞腿剔除骨頭在肉面上剁些刀口；洋蔥切絲；青江菜摘好。
2. 鍋中放 2 大匙油，加熱後放下雞腿，煎黃表面，翻面再煎 2 分鐘，盛出。
3. 放下洋蔥炒一下，再放下大蒜末炒香。放回雞腿，淋下酒、醬油、水果醋、水和糖，蓋上鍋蓋，煮 10 ～ 15 分鐘至熟。
4. 放下青江菜，再蓋上鍋蓋煮熟，淋下味醂，一滾即可盛出。

安琪老師的小叮嚀
- 水果醋的酸度不同，糖的量可以做調整。

蔥燒大排骨

材料：
豬大排肉 3 片、青蔥 4 ～ 5 支、麵粉 3 大匙
油 2 ～ 3 大匙

調味料：
（A）醬油 2 大匙、酒 1 大匙、胡椒粉少許
水 2 大匙
（B）醬油 1 大匙、糖 ½ 茶匙、水 ⅔ 杯

做法：
1. 大排肉用刀背或肉槌敲打，使肉質拍鬆、肉排拍大。
2. 用調味料（A）拌勻，醃泡 10 分鐘，下鍋前沾上一層薄薄的麵粉。
3. 炒鍋燒熱油，放下大排骨肉，以中火煎過豬排兩面，定型後盛出，每片切成 3 長條塊。
4. 把蔥段下鍋炒至焦黃有香氣，加入調味料（B），煮滾後放回大排肉，改用中小火燒約 3 ～ 5 分鐘至熟，盛出、裝盤。

安琪老師的小叮嚀
- 肉排下鍋煎之前，要拍掉多餘的粉，以免粉在油中容易燒焦。如果煎過豬排的油已經焦黑，要換油再煎蔥段。

芹香肉末燒蹄筋

材料：

水發蹄筋（豬腳筋）400 公克、絞肉 100 公克
香菇 3 朵、大蒜屑 1 大匙、蔥花 1 大匙
短芹菜段 ½ 杯、油 2 大匙

調味料：

（A）酒 1 大匙、醬油 2 大匙、清湯 1½ 杯
鹽、糖各少量、胡椒粉少許
（B）太白粉水適量、麻油數滴

做法：

1. 豬蹄筋切成兩半，燙煮 2 分鐘、撈出。
2. 絞肉用少許水及 ½ 茶匙醬油抓拌一下；香菇泡軟、去蒂，切成短絲。
3. 起油鍋爆香蔥花、蒜末後，放下絞肉炒散，加入香菇及蹄筋同炒，淋下調味料（A），以小火慢慢燒透（約 5 ～ 6 分鐘）。
4. 淋下太白粉水勾芡，撒下芹菜段、滴入麻油，拌勻即可裝盤。

味噌燒牛肉

材料：
去骨牛小排肉片 200 公克、白蘿蔔 300 公克
米 1 大匙、3 杯水

調味料：
柴魚醬油 1 大匙、味噌 1 大匙、
水 ⅔ 杯、太白粉水 2 茶匙

做法：
1. 去骨牛小排切成一口大小的厚片。
2. 白蘿蔔切成半圓片或三角圓片，放入湯鍋中，加 3 杯水和 1 大匙米一起煮滾，小火煮約 8 ～ 10 分鐘，撈出、沖洗一下備用。
3. 鍋中放蘿蔔、柴魚醬油、味噌和 ⅔ 杯水一起煮滾，煮約 3 分鐘。放下牛肉，改小火，蓋上鍋蓋再燒煮約 1 分鐘。
4. 撇去浮沫，勾上薄芡即可。

安琪老師的小叮嚀
- 夏天白蘿蔔較老時，加米一起煮，可以去掉它的苦澀味（冬天蘿蔔甜又嫩時則不用此法）。

砂鍋菇蕈雞

材料：

仿土雞腿 1 支、香菇 3 朵、杏鮑菇 2 支、鴻喜菇 1 把、蔥 2 支 (切段)、薑 2 片
大蒜 2 粒 (切片)、乾辣椒 2 大匙、油 ½ 杯

調味料：

(A) 醬油 1 大匙、太白粉 ½ 大匙
(B) 醬油 2 大匙、酒 2 大匙、水 1 杯、胡椒粉少許、麻油 ½ 茶匙

做法：

1. 雞腿剁成小塊，用調味料 (A) 拌醃一下。
2. 香菇泡軟、切片；杏鮑菇切成小的滾刀塊；鴻喜菇分散開。
3. 鍋中將 ½ 杯油燒熱，放下雞塊炸至 8 分熟，盛出、油倒出，僅留 1 大匙油。
4. 先放下蔥白段、薑片、大蒜片和乾辣椒爆香，再加入香菇等三種菇類，續炒一下。
5. 加入雞丁和調味料 (B)，炒勻後蓋上鍋蓋，以中小火燒 2 ～ 3 分鐘，至湯汁收乾。撒下蔥綠段和紅辣椒，翻炒均勻便可。

安琪老師的小叮嚀

● 用了砂鍋或鐵製的厚鍋，會使燒出來的菜風味更濃郁。

鮮蔬牛腱

材料：

進口小牛腱 2 個、洋蔥 1 個 (切大塊)、西芹 2 支 (切段)、番茄 1 個 (切塊)、月桂葉 2 片
馬鈴薯 2 個 (切塊)、胡蘿蔔 1 支 (切塊)、青豆 2 大匙、牛油 1 大匙、油 2 大匙、水 3 杯

調味料：

酒 2 大匙、糖 1 大匙、醬油 2 大匙、鹽 ½ 茶匙、胡椒粉少許

做法：

1. 牛腱切厚片，撒上少許鹽和胡椒粉。
2. 鍋中放入牛油和油混合加熱，放入牛腱，煎至變色後盛出。
3. 放入洋蔥炒至軟，淋下 3 杯水，再加入調味料，一起煮滾。
4. 放入牛腱、番茄、西芹和月桂葉，煮滾後改小火燉煮約 40 分鐘。
5. 最後加入馬鈴薯和胡蘿蔔 (喜歡西芹的話，也可以再加一些) 再燒煮約 15 ～ 20 分鐘至軟。
6. 可再加鹽和胡椒粉調味，最後加入青豆煮滾即可。

和風咖哩煮

材料：
豬肉 200 公克、馬鈴薯 300 公克、胡蘿蔔 ½ 支、蓮藕 100 公克、蔥 1 支（切段）、油 2 大匙

調味料：
（A）咖哩粉 ½ 茶匙、醬油 ½ 大匙、味醂 1 茶匙、水 2 大匙
（B）咖哩塊 2 小塊、淡色醬油 1 大匙

做法：
1. 豬肉切片後用調味料（A）抓拌均勻，放 10 分鐘使肉入味（也可以直接使用火鍋肉片）。
2. 馬鈴薯和胡蘿蔔分別削皮後切成一口大小；蓮藕去皮後直切成兩半，再切成 1.5 公分的片。
3. 用 2 大匙油炒香肉片和蔥段，至肉變色後放入馬鈴薯和胡蘿蔔，再加入 2 杯熱水，煮滾後撇去湯汁中的浮沫，改小火煮至馬鈴薯已軟（約 10 分鐘）。
4. 加入切成小塊的咖哩塊、醬油和蓮藕，攪拌均勻，再煮至湯汁濃稠即可。

安琪老師的小叮嚀
- 如要肉片有較嫩的口感，可以將肉片炒熟後盛出，最後再和咖哩塊一起放入同煮。
- 咖哩中還可以加入山藥、牛蒡、柳松菇等一些菇類或蘿蔔、四季豆、白花椰菜等一些蔬菜，都先切成約一口大小，再加入一起燒煮。

乳香小排燒木耳

材料：
肋排 600 公克、泡水發好的木耳 2 杯
薑 2 片、蔥 2 支 (切段)

調味料：
酒 2 大匙、豆腐乳 3 ～ 4 塊、糖 2 茶匙
腐乳汁 2 大匙

做法：
1. 肋排在滾水中燙過，撈出並洗淨；水發木耳摘乾淨。
2. 鍋中燒熱 2 大匙油，放下蔥段和薑片爆炒至香，放下排骨，淋下酒和壓成細泥狀的豆腐乳再炒香一下。
3. 注入水 2½杯，並放下糖，煮滾後改小火，煮約 1 個小時。
4. 加入木耳，再煮 20 ～ 30 分鐘，略收乾湯汁即可。

糖醋燒排骨

材料：

小排骨 600 公克、青菜 200 公克、薑 1 片
蔥 1 支（切長段）、八角 ½ 顆、油 2 大匙

調味料：

（A）酒 1 大匙、醬油 4 大匙、冰糖 2 大匙
醋 3 大匙、水 2 杯
（B）鹽少許

做法：

1. 小排剁成約 3 公分的小段，用熱水川燙後撈出，沖洗一下、瀝乾水分。
2. 另起油鍋煎香薑片和蔥段，加入調味料（A）煮滾，加入排骨，以小火燒煮 1 個小時以上至 1 個半小時。
3. 青菜炒熟，加調味料（B），盛放盤中墊底（不要湯汁）。
4. 見排骨已燒得十分爛、且湯汁已將要收乾時即可盛放在青菜上。

山藥咖哩雞

材料：

去骨雞腿 2 支、洋蔥 ½ 個 (切丁)、大蒜屑 1 大匙
山藥 300 公克、胡蘿蔔 1 支 (切小塊)
葡萄乾 2 大匙、油 2 大匙

調味料：

鹽 ⅓ 茶匙、清湯 (或水) 1½ 杯
酒 1 大匙、鹽 ½ 茶匙、糖 ¼ 茶匙
咖哩塊 2 塊

做法：

1. 雞腿肉剁成塊，撒上約 ⅓ 茶匙的鹽，醃 10 分鐘入味。
2. 山藥削皮、切成小塊；葡萄乾泡水 3 分鐘至漲開，撈出。
3. 用油先炒香洋蔥丁和大蒜末，再加入雞肉塊拌炒一下，加入胡蘿蔔、清湯、酒、鹽、糖和切碎的咖哩塊，煮滾後改小火燒約 10 分鐘。
4. 加入山藥再燒煮 8 ～ 10 分鐘，最後放入葡萄乾，拌勻即可關火。

培根洋蔥燒雞翅

材料：
雞翅膀 6 支、洋蔥 ½ 個、胡蘿蔔 ½ 支
培根 4 片、巴西利 1 小撮、油 2 大匙

調味料：
番茄醬 3 大匙、酒 1 大匙、鹽 ½ 茶匙
糖 ½ 茶匙、水 1½ 杯

做法：
1. 將翅膀和翅尖剁開，在滾水中川燙 1 分鐘，撈出。
2. 洋蔥切成粗條；培根切寬條；胡蘿蔔切粗絲。
3. 用油先炒香洋蔥條和培根，加入番茄醬炒一下，淋下酒，再加鹽、糖和水，同時放下雞翅，煮滾後改成小火，燒約 15 分鐘。
4. 加入胡蘿蔔，再燒煮 5 分鐘，以大火收濃湯汁，裝盤後可飾以巴西利。

白燒豬腳

材料：
前腿豬腳 1 支、蔥 2 支（打結）
大白菜 1 棵、薑 1 塊（拍裂）

調味料：
紹興酒 3 大匙、高湯 2 杯、鹽適量

蠔油蒜蓉沾料：蠔油 1 大匙、醬油 1 大匙
蒜泥 1 茶匙、辣椒末少許、豬腳湯 1 大匙

做法：
1. 豬腳剁成圈塊，用水燙煮 2 分鐘，撈出、泡入冰水中約 10 分鐘。
2. 鍋中放入蔥、薑、豬腳、高湯和酒，煮滾後改中小火燉煮 30 分鐘。
3. 白菜切成長條，放入豬腳中，再一起燒煮 30 分鐘，加鹽調味，關火再燜 20 分鐘。
4. 豬腳盛放在白菜上，也可以將豬腳先切成小塊，再附沾料上桌沾食。

安琪老師的小叮嚀
- 沾料的調配可依個人喜好，例如麻辣醬、蠔油芥末醬、五味醬 ..... 等。
- 豬的前腳肉多、後腳皮多肉少，可依自己的喜愛選購，燒好後放涼，皮和筋會更 Q 爽，也很好吃。

油豆腐燒雞

材料：

仿土雞腿 2 支、小油豆腐 8 個、薑 2 片
蔥 2 支（切長段）、紅辣椒 1 支
油 2 大匙

調味料：

紹興酒 2 大匙、醬油 3 大匙、蠔油 1 大匙
冰糖 ½ 大匙、鹽適量調味、胡椒粉少許
水 2½ 杯

做法：

1. 雞腿剁成塊；如有需要，油豆腐可用熱水燙煮約 10 秒鐘（減少油味），撈出。
2. 起油鍋，用油爆香蔥段和薑片，加入雞塊同炒，炒至雞塊變色，淋下酒、醬油和蠔油再炒一下。
3. 加入水約 2½ 杯、冰糖和紅辣椒，煮滾後改小火煮 40 分鐘。
4. 加入油豆腐再煮 20 分鐘，至雞已經夠爛時，再加入胡椒粉與適量鹽調味即可。

白菜粉條熬肉丸

材料：

絞豬肉 300 公克、蔥花 2 大匙、大白菜 400 公克 (切段)、寬粉條 2 把、炸油 3 杯

調味料：

(A) 鹽 ¼ 茶匙、水 2 大匙、蔥屑 ½ 大匙、薑汁 1 茶匙、醬油 1 大匙、 酒 ½ 大匙、胡椒粉少許
太白粉 1 大匙、雞蛋 1 個

(B) 醬油 1 大匙、鹽 ⅓ 茶匙、水 1½ 杯

做法：

1. 將絞肉再剁一下，裝入大碗中，先放入鹽和水拌攪，再加入其餘的調味料 (A)，仔細攪拌至肉產生黏性。
2. 將 3 杯炸油燒至八分熱，將肉餡做成較大的丸子，投入油中，以中火炸至定型且已半熟 (約 1 分多鐘)。
3. 將肉丸撈出，炸油重新燒熱，放入肉丸，大火再炸一次，約半分鐘撈出、瀝淨油。
4. 用 1 大匙油爆香蔥花，放下白菜炒至微軟，加入肉丸子和調味料 (B)，煮滾後改小火燒煮約 20 分鐘至白菜已軟。
5. 放入以溫水泡軟的寬粉條，再燒煮至粉條已軟，關火、盛入深盤或碗中。

安琪老師的小叮嚀

- 北方人稱以小火慢慢燒煮的方式為 " 熬 "，最後還要略帶有湯汁。

五更腸旺

材料：

煮熟的大腸頭 1 條、雞血 1 塊、酸菜 150 公克、大蒜 3 ～ 4 粒（切片）、青蒜 1 支（切斜段）
清湯 2 ～ 3 杯、油 3 大匙

調味料：

（A）花椒粒 2 大匙、辣豆瓣醬 2 大匙、酒 2 大匙、醬油 2 大匙
（B）糖 1 茶匙、鹽適量、花椒粉 1 茶匙、太白粉水適量

做法：

1. 大腸切段；雞血沖洗一下，臨下鍋煮之前才切成塊，用水漂洗一下。
2. 酸菜切片，沖洗並在水中浸泡一下，以去除鹹味。
3. 鍋中用油炒香大蒜片和花椒粒，再加入調味料（A）炒煮一下，加入清湯、雞血、大腸頭和酸菜，以小火慢慢燒煮 15 ～ 20 分鐘。
4. 加入調味料（B）調好味道，放入青蒜段再煮約 3 分鐘，勾薄芡即可。

安琪老師的小叮嚀

- 煮大腸：腸頭中加入 2 大匙油和 2 大匙麵粉抓洗，再以清水沖乾淨，以除去黏液。把腸子切成兩段，並用筷子將腸子翻轉過來，再沖洗一下內部。鍋中放 4 杯冷水和大腸頭，開火煮至滾，煮 3 ～ 5 分鐘後取出，水倒掉。另換煮大腸頭料（八角 2 顆、蔥 1 支、薑 2 片、酒 2 大匙、水 5 杯），煮約 1½ 小時至大腸頭夠爛。待稍涼後切成段。煮大腸頭較費時間，可以買煮好的。

川味紅燒半筋半肉

材料：

肋條、牛腩或腱子肉 1 公斤、牛筋 400 公克、大蒜 4 粒、蔥 4 支（切段）、薑 2 塊（拍裂）

八角 2 顆、花椒 1 大匙、紅辣椒 2 支、油 2 ～ 3 大匙、青蒜絲適量

調味料：

（A）水 5 杯、蔥 2 支、薑 2 片、酒 2 大匙、八角 1 顆、月桂葉 2 片

（B）辣豆瓣醬 2 大匙、醬油 4 大匙、酒 2 大匙、清湯 3 杯（煮牛筋湯）、冰糖 2 茶匙、鹽適量
糖適量

做法：

1. 牛筋切成長段，牛肉切成大塊，川燙 2 分鐘，撈出後沖洗乾淨。
2. 牛筋加調味料（A）煮 1 小時至半爛；略涼後切成塊。
3. 在炒鍋內燒熱油，先爆香蔥段、薑片和大蒜粒，並加入花椒、八角一起炒香，用一塊白紗布將大蒜等撈出包好。
4. 再把辣豆瓣醬放入鍋中煸炒一下，繼續加入醬油、酒、牛肉和牛筋再炒。
5. 放回大蒜包，加入清湯和冰糖同煮，小火燒約 1 個半小時以上至牛肉和牛筋已夠爛，可略加鹽和糖再調味。

安琪老師的小叮嚀

- 省產牛肉較不易煮爛，約需 2 個半小時以上，進口的牛肉約在 1 小時即可。
- 不同部位的牛肉，燒的時間長短也會要增減，可以用筷子叉一下、試試看。

釀金三角

材料：

絞肉 200 公克、三角型油豆腐 8 個、蔥 1 支 (切蔥花)、青江菜 6 棵、油 2 大匙

調味料：

(A) 蔥屑 1 大匙、醬油 1 大匙、麻油 ½ 茶匙、太白粉 1 茶匙、水 2 大匙
(B) 醬油 1 大匙、水 1 杯、糖 ¼ 茶匙、鹽 ¼ 茶匙

做法：

1. 絞肉中加蔥花再剁細一點，加入其他的調味料 (A) 拌勻。
2. 油豆腐剪開一個小刀口，把絞肉餡填塞入其中。
3. 炒鍋中加熱油，把釀肉的一面放入鍋中煎香，撒下蔥花炒香。
4. 加入調味料 (B)，煮滾後改小火燒約 5 ～ 6 分鐘。
5. 放下摘好的青江菜，再煮 2 ～ 3 分鐘便可關火、盛盤。(喜歡青菜較脆且綠色的話，可以先川燙一下，漂過冷水再燒)。

蒟蒻燒雞腿

材料：
去骨雞腿 1 支、蒟蒻 ½ 塊、秀珍菇 1 盒
蔥 1 支（切段）、油 ½ 大匙

調味料：
柴魚醬油 2 大匙、糖 1 茶匙、水 ⅔ 杯

做法：
1. 雞肉洗淨、擦乾，切成一口大小；秀珍菇快速沖一下水，瀝乾。
2. 蒟蒻也撕成一口大小，用冷水多沖洗幾次（或用熱水燙一下），瀝乾水分。
3. 鍋中用油把雞肉煎至外表呈金黃色，加入蔥段、蒟蒻、秀珍菇和調味料，拌炒一下，蓋上鍋蓋燒約 4 ～ 5 分鐘。
4. 在燒的時候可以掀開鍋蓋加以翻拌一下，煮到湯汁收乾即可。

安琪老師的小叮嚀
- 蒟蒻也可以用湯匙挖成一口大小，不規則的形狀較容易入味。

三蔥燒子排

材料：
子排 600 公克、洋蔥 2 個、紅蔥頭 3 粒（切片）
蔥 4 支（切段）、月桂葉 2 片、八角 1 顆
油 2 大匙

調味料：
紹興酒 3 大匙、醬油 3 ～ 4 大匙
蠔油 1 大匙、冰糖 ½ 大匙

做法：
1. 將排骨剁成約 5 公分的長段。用水川燙約 1 ～ 2 分鐘，撈出、洗淨。
2. 洋蔥一個切寬條，用油炒黃且有香氣透出，加入紅蔥和蔥段再一起炒香。
3. 放在排骨，淋下酒、醬油和蠔油炒煮均勻，加入月桂葉、八角，注入水 3 ～ 4 杯，水要蓋過排骨 2/3 深度，煮滾後改小火，燒煮 2 小時以上至排骨夠爛。
4. 另一個洋蔥切絲，用少許油炒至軟，加入排骨中再燒 5 分鐘至軟，盛出裝盤。

安琪老師的小叮嚀
- 子排即是肉較厚的五花肋排，燒的時間要長一點，一般小排骨燒的時間就短一點。

茄汁熱狗

材料：

熱狗 2 條、洋蔥半個、馬鈴薯 1 個、胡蘿蔔 ½ 支、培根 2 片、青花菜數朵、油 2 大匙
麵粉 2 大匙

調味料：

（A）番茄醬 2 大匙、水 2 杯、鹽 ⅓ 茶匙、糖 ½ 茶匙、義大利綜合香料 1 茶匙
（B）胡椒粉少許、辣醬油 1 大匙

做法：

1. 在熱狗的表面切斜刀口，再分成 4 ～ 5 公分長的小段。
2. 洋蔥切絲；馬鈴薯和胡蘿蔔切成小拇指般粗細；培根切小片。
3. 用 1 大匙油先煸炒培根片，再加入洋蔥絲同炒。炒軟後，放入另 1 大匙油，並放下麵粉炒香，加入番茄醬和其他調味料（A）煮滾。
4. 放下馬鈴薯與胡蘿蔔條，以小火煮至軟，加入青花菜再煮一下。
5. 再放下熱狗煮透，關火後加入調味料（B），拌勻便可裝盤。

安琪老師的小叮嚀

- 粗條的熱狗可以直切成兩條後再切刀口，或者切成厚片或其他形狀，重要的是不要煮太久。

洋蔥番茄燒牛肉

材料：

牛肋條肉 900 公克、番茄 3 個、洋蔥 1 個 (切塊)、 大蒜 2 粒 (拍裂)、月桂葉 3 片、八角 1 顆
油 2 大匙

調味料：

酒 ½ 杯、淺色醬油 4 大匙、水 2½ 杯、鹽 ½ 茶匙、糖適量

做法：

1. 牛肉切成約 4 公分大的塊狀，用滾水燙煮至變色，撈出、洗淨。
2. 番茄劃刀口，放入滾水中燙至外皮翹起，取出泡冷水，剝去外皮，切成 4 或 6 小塊。
3. 鍋中燒熱油來炒香洋蔥和大蒜，加入番茄塊再炒，炒到番茄出水變軟。
4. 將牛肉倒入鍋中，再略加翻炒，淋下酒和醬油，大火煮 1 分鐘。
5. 加入月桂葉、八角和水，換入燉鍋中，先煮至滾，再改小火燒煮約 2 個小時以上，或至喜愛的軟爛度。加鹽和糖調妥味道即可。

安琪老師的小叮嚀

- 如使用進口牛肉則比較容易煮爛，時間要縮短。

在家燒一手好菜

輕鬆當大廚，天天換菜色！

作　　者 程安琪

發行人 程安琪
總策劃 程顯灝
編輯顧問 錢嘉琪
編輯顧問 潘秉新

總編輯 呂增娣
主　　編 李瓊絲、鍾若琦
特約編輯 李臻慧
編　　輯 吳孟蓉、程郁庭、許雅眉
美術主編 潘大智
美術設計 鄭乃豪
行銷企劃 謝儀方

出版者 橘子文化事業有限公司
總代理 三友圖書有限公司
地　　址 106 台北市安和路 2 段 213 號 4 樓
電　　話 (02) 2377-4155
傳　　真 (02) 2377-4355
E — mail service@sanyau.com.tw
郵政劃撥 05844889 三友圖書有限公司

總經銷 大和書報圖書股份有限公司
地　　址 新北市新莊區五工五路 2 號
電　　話 (02) 8990-2588
傳　　真 (02) 2299-7900

初　　版 2014 年 1 月
定　　價 新台幣 169 元
I S B N 978-986-6062-75-9 (平裝)

國家圖書館出版品預行編目 (CIP) 資料

在家燒一手好菜 / 程安琪作. -- 初版. --
臺北市 : 橘子文化, 2014.01
面 ;　公分
ISBN 978-986-6062-75-9(平裝)

1. 食譜

427.1　　102027297